Ruth Hölken

Einfache Würfelspiele für den Mathematikunterricht

Rechenfertigkeiten verbessern in den Zahlenräumen 10, 20, 100 und 1000

Persen Verlag

Die Autorin

Ruth Hölken ist Diplom-Pädagogin und hat in Psychologie promoviert. In ihrer lerntherapeutischen Praxis auf dem Bauernhof fördert sie Kinder mit Lese-Rechtschreib- und Rechenproblemen. Die Kinder erarbeiten sich dort mit allen Sinnen die Themen, die ihnen schwerfallen.

Gedruckt auf umweltbewusst gefertigtem, chlorfrei gebleichtem und alterungsbeständigem Papier.

1. Auflage 2011

Grafik: Manuela Ostadal
Satz: Satzpunkt Ursula Ewert GmbH

ISBN 978-3-403-**23082**-3

www.persen.de

5 Einleitende Worte
6 Zuordnung der Spiele zu mathematischen Themen

Würfelspiele im Zahlenraum bis 10

Seite	Name des Spiels	Mathematisches Thema	Spielblattvorlage
7	Bitte der Reihe nach!	Arabische Zahl und Punktmenge auf den Würfeln in Beziehung setzen	M3
7	Pasch	Erkennen gleicher Mengen	M1
8	Einsamer Becher	Erkennen der Augenzahl, Konzentration	M1
9	Schatzspiel	Erstes Zählen	/
9	Reihenfolge	Vorgänger und Nachfolger im Zahlenraum bis 6	M1
10	Zahlen streichen	Einüben der Zahlzerlegung, Addition	M4
10	Würfel sammeln	Strategiespiel zum Einüben der Zahlzerlegung, Addition	M5
11	Ungerade gewinnt	Einüben der ungeraden Zahlen	M2
11	Gerade Linie	Einüben der geraden Zahlen, Zahlenzerlegung/Addition	M2
12	Doppelt-gemoppelt	Einüben der geraden und ungeraden Zahlen, verdoppeln und halbieren	M2
12	Zwerge	Größer und kleiner im Zahlenraum bis 6	M6
13	Unterschied	Berechnen der Differenz im Zahlenraum bis 6	/
13	Goldene 5	Addition und Subtraktion im Zahlenraum bis 10	M1/M5

Würfelspiele im Zahlenraum bis 20

Seite	Name des Spiels	Mathematisches Thema	Spielblattvorlage
14	Drei Chancen	Addition	/
14	Minus oder plus 10	Addition und Subtraktion von Zehnerzahlen	/
15	20 gewinnt	Einüben der Addition	M2
15	Höchstzahl siegt	Einüben der Addition	M2
16	Tippspiel	Einüben der Addition, Berechnen der Differenz	M2
16	Dreimal gerade	Einüben der Addition, gerade Zahlen, Zahlenerkennung	M2
17	Viererreihe	Einüben der Addition	M7
17	Riesenschritte	Addition, größer und kleiner	M8
18	Magische 15	Addition, Subtraktion	/
18	Vorwärts und rückwärts	Addition, Subtraktion	M2/M9
19	Mal, plus und minus	Addition, Subtraktion, Multiplikation im Zahlenraum bis 15	M9
20	Bonbonspiel	Addition, Subtraktion	M10
20	Treppenstufen	Addition, flexibler Umgang mit der Addition	M11
21	Bei 3 ist Schluss!	Einüben der Addition	M2

Inhaltsverzeichnis

Würfelspiele im Zahlenraum bis 100

Seite	Name des Spiels	Mathematisches Thema	Spielblattvorlage
22	Rechen-Craps	Addition, Konzentration	M15
23	Auf dem Tisch	Einüben der Addition, Konzentration	M2
23	Du bist raus!	Addition im Zahlenraum bis 50	M2
24	Schatzspiel für große Schatzjäger	Subtraktion	/
25	Plumps!	Addition, Multiplikation	M2
25	Quadratzahl	Addition, Multiplikation, Quadratzahlen	M2
26	Plus und minus	Addition und Subtraktion, gerade und ungerade Zahlen	M9
27	Komm auf die Hundert	Addition, Multiplikation	M2
27	Schnell auf die Hundert	Addition	M12
28	Klug rechnen	Addition, Multiplikation	M2/M9
29	Alles ist möglich ...	Addition, Subtraktion, Multiplikation, Division	M9
30	30 im Mittelpunkt	Addition, Berechnen der Differenz	M2

Würfelspiele im Zahlenraum bis 1000

Seite	Name des Spiels	Mathematisches Thema	Spielblattvorlage
31	Hohe Hausnummer	Stellenwert der Zahlen im Hunderterraum	M13, M2
31	Niedrige Hausnummer	Stellenwert der Zahlen im Hunderterraum	M13, M2
32	Eins, eins, eins	Addition, Zahlenerkennung	M2
32	1×1 bis 1000	Addition, Multiplikation	M12
33	Rechenmeister	Addition, Multiplikation, großes 1×1	M14
33	Runde Sache	Addition, Auf- und Abrunden	M2
34	Hoch hinaus	Multiplikation höherer Zahlen	M2
34	1000er-Grenze	Addition, Stellenwert der Zahlen im Hunderterraum	M2

Jeder weiß, dass man das Rechnen üben muss, wenn man den Rechenweg einmal verstanden hat. Aber die meisten Kinder haben keine Lust, nur Arbeitsblätter mit Aufgaben zu lösen, auch wenn sie noch so liebevoll und bunt gestaltet sind. Deshalb arbeite ich viel mit Spielen. Im Spiel haben die Kinder vergessen, dass sie eigentlich Rechnen üben, sie sind so intensiv dabei, dass ihnen das Rechnen Freude macht. Zumeist merken sie gar nicht, wie viele Rechenoperationen sie durchführen.

Die meisten Spielideen in diesem Buch habe ich auf zahlreichen Fortbildungen kennengelernt, in Büchern oder im Internet gefunden und so modifiziert, dass sie für den Mathematikunterricht in ganz bestimmten Zahlenräumen geeignet sind. Trotzdem danke ich allen, deren Gedankengut Auslöser für meine Ideen zu den Spielen waren. Außerdem gilt mein Dank allen Kindern, die mit mir gewürfelt und gerechnet haben. Mir hat das Spiel mit ihnen viel Freude bereitet.

Diese Spiele eignen sich für Fördergruppen, Arbeiten an Stationen oder Gruppenarbeit. Aber auch Vertretungsstunden lassen sich schnell und sinnvoll gestalten – sofern Sie dieses Buch im Lehrerzimmer haben und über die entsprechende Anzahl an Würfeln verfügen. Die meisten Spiele enden nach einer vom Lehrer vorgegebenen Anzahl von Runden, können jedoch auch nach einer bestimmten Zeit beendet werden. Sonst hat man häufig das Problem, dass eine Gruppe zu Ende gespielt hat, während die anderen noch im Spiel sind.

Die Spiele können ebenfalls als Förderaufgaben für zu Hause mitgegeben werden, falls eine Förderung in Mathematik laut individuellem Förderplan des Kindes vorgesehen ist. Eltern und Kind können dann spielerisch üben und ihre Beziehung stärken, indem sie in entspannter Atmosphäre Zeit miteinander verbringen.

Ich wünsche allen Freude am Spielen,

Ihre Ruth Hölken

Zuordnung der Spiele zu mathematischen Themen

Erkennen der Augenzahl	Einsamer Becher (S. 8)
Arabische Zahl und Punktmenge in Beziehung setzen	Bitte der Reihe nach! (S. 7),
Erkennen gleicher Mengen	Pasch (S. 7)
Erstes Zählen	Schatzspiel (S. 9)
Vorgänger und Nachfolger	Reihenfolge (ZR 6) (S. 9)
Zahlzerlegung	Zahlen streichen (ZR 10) (S. 10), Würfel sammeln (ZR 10) (S. 10)
Ungerade/Gerade	Ungerade gewinnt (ZR 10) (S. 11), Gerade Linie (ZR 10) (S. 11), Doppelt-gemoppelt (ZR 10) (S. 12), Dreimal gerade (ZR 20) (S. 16)
Größer und kleiner	Zwerge (ZR 6) (S. 12), Riesenschritte (ZR 20) (S. 17), Plus und minus (ZR 100) (S. 26)
Addition	Zahlen streichen (ZR 10) (S. 10), Würfel sammeln (ZR 10) (S. 10), Goldene 5 (ZR 10) (S. 13), Drei Chancen (ZR 20) (S. 14), Minus oder plus 10 (ZR 20) (S. 14), 20 gewinnt (ZR 20) (S. 15), Höchstzahl siegt (ZR 20) (S. 15), Tippspiel (ZR 20) (S. 16), Dreimal gerade (ZR 20) (S. 16), Viererreihe (ZR 20) (S. 17), Riesenschritte (ZR 20) (S. 17), Magische 15 (ZR 20) (S. 18), Vorwärts und rückwärts (ZR 20) (S. 18), Mal, plus und minus (ZR 20) (S. 19), Bonbonspiel (ZR 20) (S. 20), Treppenstufen (ZR 20) (S. 20), Bei 3 ist Schluss! (ZR 20) (S. 21), Rechen-Craps (ZR 100) (S. 22), Auf dem Tisch (ZR 100) (S. 23), Du bist raus! (ZR 50) (S. 23), Plumps! (ZR 100) (S. 25), Quadratzahl (ZR 100) (S. 25), Plus und minus (ZR 100) (S. 26), Komm auf die Hundert (ZR 100) (S. 27), Schnell auf die Hundert (ZR 100) (S. 27), Klug rechnen (ZR 100) (S. 28), Alles ist möglich … (ZR 100) (S. 29), 30 im Mittelpunkt (ZR 100) (S. 30), Eins, eins, eins (ZR 1000) (S. 32), 1×1 bis 1000 (ZR 1000) (S. 32), Rechenmeister (ZR 1000) (S. 33), Runde Sache (ZR 1000) (S. 33), 1000er-Grenze (ZR 1000) (S. 34)
Subtraktion	Unterschied (ZR 10) (S. 13), Goldene 5 (ZR 10) (S. 13), Minus oder plus 10 (ZR 20) (S. 14), Tippspiel (ZR 20) (S. 16), Magische 15 (ZR 20) (S. 18), Vorwärts und rückwärts (ZR 20) (S. 18), Mal, plus und minus (ZR 20) (S. 19), Bonbonspiel (ZR 20) (S. 20), Schatzspiel für große Schatzjäger (ZR 100) (S. 24), Plus und minus (ZR 100) (S. 26), Alles ist möglich … (ZR 100) (S. 29), 30 im Mittelpunkt (ZR 100) (S. 30)
Multiplikation	Mal, plus und minus (ZR 20) (S. 19), Plumps! (ZR 100) (S. 25), Quadratzahl (ZR 100) (S. 25), Komm auf die Hundert (ZR 100) (S. 27), Klug rechnen (ZR 100) (S. 28), Alles ist möglich … (ZR 100) (S. 29), 1×1 bis 1000 (ZR 1000) (S. 32), Rechenmeister (ZR 1000) (S. 33), Hoch hinaus (ZR 1000) (S. 34)
Quadratzahlen	Quadratzahl (ZR 100) (S. 25)
Division	Alles ist möglich … (ZR 100) (S. 29)
Stellenwert	Hohe Hausnummer (ZR 1000) (S. 31), Niedrige Hausnummer (ZR 1000) (S. 31), 1000er-Grenze (ZR 1000) (S. 34)
Großes 1×1	Rechenmeister (ZR 1000) (S. 33)
Auf- und Abrunden	Runde Sache (ZR 1000) (S. 33)

Bitte der Reihe nach!

Arabische Zahl und Punktmenge auf den Würfeln in Beziehung setzen

Anzahl Spieler:
2–6 Spieler

Spielmaterial:
2 Sechser-Würfel, je Spieler 1 Spielvorlage M3 und 1 Stift

Spielverlauf:
Die Spieler würfeln reihum mit 2 Würfeln. Jeder muss zuerst eine 1 würfeln, die darf dann auf der Spielvorlage durchgestrichen werden, als Nächstes eine 2, dann eine 3 usw. Wer zuerst alle Zahlen der Reihe nach würfelt, gewinnt.
Würfelt jemand in einem Wurf eine 1 und eine 2, hat er Glück und darf sofort zwei Zahlen durchstreichen.

Variante:
Es wird mit einem Würfel gespielt und jede Zahl darf so durchgestrichen werden, wie sie fällt, z. B. auch eine 5 als erste Zahl. Nur doppelt abstreichen ist nicht erlaubt.

Pasch

Erkennen gleicher Mengen

Anzahl Spieler:
2–6 Spieler

Spielmaterial:
6 Sechser-Würfel, 1 Würfelbecher, 1 Spielvorlage M1, 1 Stift

Spielverlauf:
Ein Pasch liegt vor, wenn die Würfel die gleiche Augenzahl haben; 2er-Pasch bedeutet also, dass 2 Würfel z. B. eine 3 zeigen.
Die Spieler würfeln reihum mit den 6 Würfeln im Becher, für jeden Pasch wird unter dem Namen des Spielers ein Strich vermerkt. Wer einen 6er-Pasch würfelt, bekommt zwei Striche. Gewinner ist, wer nach einer festgelegten Anzahl von Runden die meisten Striche hat.

Einsamer Becher

Erkennen der Augenzahl, Konzentration

Anzahl Spieler:

3, 5 oder 7 Spieler (ungerade Anzahl)

Spielmaterial:

1 Sechser-Würfel, 1 Würfelbecher, 1 Spielvorlage M1, 1 Stift

Spielverlauf:

Der erste Spieler schüttelt den Würfel im Becher und setzt ihn vor den linken Nebenmann. Dieser darf den Becher aber nicht hochheben.
Das darf nur der links von ihm sitzende Nebenmann. Er hebt den Becher und schaut nach, welche Zahl gewürfelt wurde. Ist es eine 5, erhält er einen Minuspunkt (z. B. Strich). Anschließend würfelt er und reicht den Becher weiter.
Ebenfalls einen Minuspunkt erhält derjenige, der den vor ihn gestellten Becher aufhebt, wenn er nicht an der Reihe ist.
Das hört sich einfach an, erfordert aber Konzentration und Aufmerksamkeit.
Es kann zwischendurch die Zahl gewechselt werden, für die es einen Minuspunkt gibt.
Ein Spieler notiert die Namen der Mitspieler und schreibt die Minuspunkte auf.
Gewinner ist, wer die wenigsten Minuspunkte nach einer vereinbarten Anzahl von Runden hat.

Variante:

Im Zahlenraum über 6 und bis 12 kann mit zwei Würfeln gespielt werden, deren Augenzahl addiert eine vorher vereinbarte Summe ergeben muss, damit man einen Minuspunkt bekommt.

Schatzspiel

Erstes Zählen

Anzahl Spieler:

2–6 Spieler

Spielmaterial:

1 Sechser-Würfel, 1 Würfelbecher, mehrere „Schätze“ (je nach Anzahl der geplanten Runden, z. B. Bonbon oder Ähnliches), 1 Paket Streichhölzer

Spielverlauf:

In die Mitte des Tisches wird der Würfelbecher gestellt, in dem sich ein Schatz befindet.
Als Schatz dient ein Bonbon oder eine andere kleinere Überraschung.
Rund um den Würfelbecher werden die Streichhölzer ausgelegt.
Nun würfeln die Teilnehmer reihum und nehmen so viele Streichhölzer weg, wie der Würfel Augen anzeigt. Liegen zum Schluss z. B. nur noch 2 Hölzchen, kann derjenige, der eine 1 würfelt, noch ein Hölzchen nehmen oder derjenige, der eine 2 hat, die restlichen beiden. Wer eine höhere Zahl hat, kann sich kein Streichholz mehr nehmen. Wer das letzte Streichholz nimmt, bekommt den Schatz.

Reihenfolge

Vorgänger und Nachfolger im Zahlenraum bis 6

Anzahl Spieler:

2–6 Spieler

Spielmaterial:

5 Sechser-Würfel, 1 Spielvorlage M1, 1 Stift

Spielverlauf:

Gewürfelt wird reihum. Wer an der Reihe ist, darf 3-mal hintereinander würfeln. Ziel ist es, durch Herauslegen von Würfeln am Ende 4 aufeinanderfolgende Zahlen zu haben (z. B. 1, 2, 3, 4 oder 2, 3, 4, 5). Wer dies schafft, bekommt einen Punkt. Wer nach einer vorher vereinbarten Anzahl von Runden die meisten Striche hat, gewinnt.

Variante:

Es können auch nur drei aufeinanderfolgende Zahlen verlangt werden, um einen Punkt zu bekommen.

Zahlen streichen

Einüben der Zahlenzerlegung, Addition

Anzahl Spieler:
2–6 Spieler

Spielmaterial:
2 Sechser-Würfel, je Spieler 1 Spielvorlage M4 und 1 Stift

Spielverlauf:
Jeder Spieler würfelt mit 2 Würfeln. Er muss sich dann entscheiden, ob er die Augenzahl zusammenzählt (z. B. 10 bei einer 4 und einer 6) und diese Zahl abstreicht, oder ob er eine der beiden gewürfelten Zahlen (z. B. die 4 oder die 6) durchstreicht. Hat der Spieler die gewürfelten Augenzahlen schon bei einem vorherigen Wurf durchgestrichen, hat er nun leider Pech und kann in dieser Runde keine Zahl durchstreichen. Dann ist der nächste Spieler an der Reihe. Wer zuerst alle Zahlen durchgestrichen hat, gewinnt.

Würfel sammeln

Strategiespiel zum Einüben der Zahlenzerlegung, Addition

Anzahl Spieler:
2–6 Spieler

Spielmaterial:
7 Sechser-Würfel, 1 Würfelbecher, je Spieler 1 Spielvorlage M5 und 1 Stift

Spielverlauf:
Jeder Spieler würfelt mit 7 Würfeln und versucht, so oft es geht seine Zielzahlen (s. M4) zu erreichen. Die Zielzahl kann sich auch aus verschiedenen Zahlen zusammensetzen.
Hat man sofort viermal eine 5, kann man sie natürlich eintragen. Hat man (wie meistens) viele verschiedene Augenzahlen, bildet man durch Addition von zwei oder mehr Zahlen die Zahl, bei der man möglichst viele Striche bekommen kann.
Hat der Spieler eine 5, eine 4, eine 6, zweimal die 1, eine 3 und eine 2, muss er sich entscheiden: Er kann bei der Zielzahl 1 eine 2 eintragen, weil er die Zielzahl 1 zweimal hat oder er trägt 3 erreichte Zielzahlen bei der 5 ein, weil er eine 5 hat, einmal 4+1 und einmal 3+2. Er kann auch 3 Sechsen eintragen, weil er eine 6 hat und 5+1 sowie 4+2 auch 6 ergeben. Wer bei einer Runde keine Zahl eintragen kann, muss einen Strich machen. Am Ende des Spiels sollte ein Erwachsener ausrechnen, wer die meisten Zielzahlen erreicht und damit gewonnen hat.

Ungerade gewinnt

Einüben der ungeraden Zahlen

Anzahl Spieler:

2–6 Spieler

Spielmaterial:

2 Sechser-Würfel, 1 Spielvorlage M2, 1 Stift

Spielverlauf:

Reihum würfeln die Spieler. Gezählt werden nur die ungeraden Zahlen 1, 3 und 5.
Der Spielleiter notiert bei jedem Spieler und Wurf, wie viele ungerade Zahlen erreicht wurden. Sieger ist, wer am Ende die meisten ungeraden Zahlen hatte.
Es ist sinnvoll, vorher die Anzahl der Runden festzulegen.

Gerade Linie

Einüben der geraden Zahlen, Zahlenzerlegung/Addition

Anzahl Spieler:

2–6 Spieler

Spielmaterial:

2 Sechser-Würfel, 1 Spielvorlage M2, 1 Stift

Spielverlauf:

Dieses Spiel ist eine Stufe schwieriger als „Ungerade gewinnt“, weil auch „zusammengesetzte Zahlen“ zugelassen sind. Reihum würfeln die Spieler mit 2 Würfeln. Gezählt werden nur die geraden Zahlen, auch die, die sich durch Addition der geraden Augenzahlen ergeben. Möglich sind so 2, 4, 6 und 8, 10, 12. Mit einem Wurf, der aus 2 und 4 besteht, hat man 3 gerade Zahlen erreicht: die 2, 4 und 6!
Der Spielleiter notiert bei jedem Spieler und Wurf, wie viele gerade Zahlen erreicht wurden. Sieger ist, wer am Ende die meisten geraden Zahlen hat. Es ist sinnvoll, vorher die Anzahl der Runden festzulegen.

Variante:

Die Kinder sollen hier zwischen geraden und ungeraden Zahlen unterscheiden lernen. Wenn die Kinder dies sicher können, weil sie z. B. vorher „Ungerade gewinnt“ gespielt haben, kann auch die Addition zweier ungerader Zahlen zugelassen werden. Für manche Kinder ist es ein Aha-Erlebnis, dass die Addition ganzer ungerader Zahlen immer eine gerade Zahl ergibt.

Doppelt-gemoppelt

Einüben der geraden und ungeraden Zahlen, verdoppeln und halbieren

Anzahl Spieler:

2–6 Spieler

Spielmaterial:

1 Sechser-Würfel, 1 Spielvorlage M2, 1 Stift

Spielverlauf:

Es wird reihum gewürfelt und die Würfe werden wie folgt gewertet:
Bei den geraden Augenzahlen 2, 4, 6 wird halbiert, d. h. es gibt 1, 2 oder 3 Punkte.
Bei den ungeraden Augenzahlen 1, 3, 5 wird verdoppelt, d. h. es gibt 2, 6 oder 10 Punkte.
Sieger ist, wer am Ende die meisten Punkte hat. Dazu notiert der Spielleiter die Punkte bei jedem Spieler. Es sollte zu Beginn die Anzahl der Runden festgelegt werden.

Zwerge

Größer und kleiner im Zahlenraum bis 6

Anzahl Spieler:

2–6 Spieler

Spielmaterial:

1 Sechser-Würfel, 1 Spielbrett M6 und je Spieler 1 Spielfigur

Spielverlauf:

Alle Spielfiguren stehen auf „Start“. Die Spieler würfeln reihum auf dem Spielbrett, ziehen darf aber nur der Spieler, der in der Runde die niedrigste Zahl gewürfelt hat. Haben 2 oder mehr Spieler die niedrigste Zahl, dürfen sie alle ziehen. Ältere Kinder können auch noch einmal würfeln und es wird dann derjenige ermittelt, der die niedrigste Augenzahl geworfen hat. Wer als Erster das Ziel erreicht, hat gewonnen.

Variante:

Die Spieler müssen mit ihrem Wurf genau ins Ziel kommen.

Unterschied

Berechnen der Differenz im Zahlenraum bis 6

Anzahl Spieler:

2–6 Spieler

Spielmaterial:

2 Sechser-Würfel

Spielverlauf:

Die Spieler würfeln reihum mit 2 Würfeln. Es wird die Differenz zwischen den Augenzahlen der beiden Würfel berechnet. Wer die größte Differenz erreicht (max. 5), hat diese Runde gewonnen.

Goldene 5

Addition und Subtraktion im Zahlenraum bis 10

Anzahl Spieler:

2–6 Spieler

Spielmaterial:

3 Sechser-Würfel, Spielblattvorlage M1 oder M9 (falls die Rechnung notiert werden soll), 1 Stift

Spielverlauf:

Die Spieler würfeln reihum mit 3 Würfeln. Die Augenzahlen der 3 Würfel müssen so addiert und subtrahiert werden, dass man die 5 erreicht oder ihr möglichst nahekommt. Dabei darf man nicht über den Zehner rechnen (also 6+6 oder 5+6). Würfelt man eine 3, 4 und 2, kann man wie folgt rechnen: 3 + 4 – 2 = 5 oder 4 + 2 – 3 = 3 oder 4 – 2 + 3 = 5.
Gewinner einer Runde ist derjenige, der genau 5 als Ergebnis hat oder ihr von allen Spielern am Nächsten ist.

Variante:

Bei sehr guten Rechnern kann man auch vier Würfel nehmen, sie müssen dann eine Rechenoperation mehr durchführen.

Drei Chancen

Addition

Anzahl Spieler:
2–6 Spieler

Spielmaterial:
3 Sechser-Würfel, 36 Steinchen/Streichhölzer oder Ähnliches

Spielverlauf:
Die 36 Steinchen oder Ähnliches werden in die Mitte des Tisches gelegt. Nun wird reihum mit den 3 Würfeln gewürfelt und die Augenzahlen werden addiert. Wenn jemand genau die Summe 12 erreicht, dürfen sich seine Mitspieler 2 Steinchen nehmen. Erreicht ein Spieler eine Summe kleiner als 10, darf er sich 2 Steinchen nehmen. Erreicht jemand genau die Summe 11, dürfen sich alle 1 Steinchen nehmen. Gewinner des Spiels ist, wer zum Schluss die meisten Steinchen hat.

Minus oder plus zehn

Addition und Subtraktion von Zehnerzahlen

Anzahl Spieler:
2–6 Spieler

Spielmaterial:
3 Sechser-Würfel

Spielverlauf:
Gewürfelt wird reihum. Jeder darf einmal mit den 3 Würfeln würfeln. Ist die addierte Augenzahl kleiner als 10, darf der Spieler 10 addieren, ist die Augenzahl größer als 10, muss er 10 subtrahieren. Gewinner einer Runde ist, wer die höchste Zahl erreicht hat. Wer genau 10 hat, darf weder 10 addieren noch subtrahieren.

20 gewinnt

Einüben der Addition

Anzahl Spieler:

2–6 Spieler

Spielmaterial:

1 Sechser-Würfel, 1 Spielvorlage M2, 1 Stift

Spielverlauf:

Jeder darf so oft würfeln, wie er möchte. Dabei muss er die Augenzahlen addieren. Wer am nächsten an der 20 ist oder genau 20 erreicht, hat gewonnen. Wer mehr als 20 hat, hat verloren. Hat ein Spieler z. B. 17 Punkte, muss er genau überlegen, ob er das Risiko eingeht, nochmal zu würfeln.
Ein Spieler notiert die Namen der Mitspieler und schreibt ihre Punkte auf, damit der Gewinner der Runde ermittelt werden kann.

Höchstzahl siegt

Addition

Anzahl Spieler:

2–6 Spieler

Spielmaterial:

3 Sechser-Würfel, 1 Spielvorlage M2, 1 Stift

Spielverlauf:

Jeder Spieler darf einmal würfeln, die Augenzahlen der 3 Würfel werden addiert. Wer die höchste Summe erreicht, hat gewonnen. Ein Spieler notiert die Namen der Mitspieler und schreibt die Punktzahl auf, damit der Gewinner der Runde ermittelt werden kann.

Tippspiel

Einüben der Addition, Berechnen der Differenz

Anzahl Spieler:

2–6 Spieler

Spielmaterial:

3 Sechser-Würfel, 1 Spielvorlage M2, 1 Stift

Spielverlauf:

Jeder Spieler nennt vor seinem Wurf eine Zahl zwischen 3 und 18, anschließend würfelt er mit den 3 Würfeln. Dann muss er die Differenz zwischen genannter und erwürfelter Zahl angeben, dieses ist seine Strafpunktzahl in dieser Runde. Ein Spieler notiert die Namen der Mitspieler und die Strafpunkte. Es kann für jede Runde der Gewinner ermittelt werden oder es wird über mehrere Runden gespielt. Dann sollte ein guter Rechner die Addition der Strafpunkte übernehmen.

Dreimal gerade

Einüben der Addition, gerade Zahlen, Zahlenerkennung

Anzahl Spieler:

2–6 Spieler

Spielmaterial:

3 Sechser-Würfel, 1 Spielvorlage M2, 1 Stift

Spielverlauf:

Jeder Spieler würfelt mit den 3 Würfeln und zwar 3-mal hintereinander.
Im ersten Wurf zählen alle Würfel mit der Augenzahl 2, im zweiten Wurf alle mit der Augenzahl 4 und im dritten mit der Augenzahl 6. Die Augenzahlen werden addiert.
Ein Spieler notiert die Namen der Mitspieler und schreibt die erreichte Punktzahl auf.
Gewinner einer Runde ist der Spieler mit der höchsten Summe.

Variante:

Dreimal ungerade – es zählen nur die Augenzahlen 1, 3 und 5 in den aufeinanderfolgenden Würfen.

Viererreihe

Strategiespiel zum Einüben der Addition

⚀ **Anzahl Spieler:**
2–6 Spieler

⚁ **Spielmaterial:**
3 Sechser-Würfel, je Spieler 1 Spielvorlage M7, ca. 15 Plättchen oder Ähnliches pro Spieler

⚂ **Spielverlauf:**
Jeder Spieler hat 1 Spielvorlage vor sich liegen. Es wird reihum gewürfelt. Die Augenzahlen der 3 Würfel werden addiert und der Würfler darf 1 Plättchen auf die erreichte Augenzahl legen. Hat ein Spieler diese Augenzahl schon, hat er leider Pech und darf in der Runde kein Plättchen legen. Sieger ist, wer zuerst 4 Plättchen in einer Reihe liegen hat, sei es waagerecht, senkrecht oder diagonal.

Riesenschritte

Addition, größer und kleiner

⚀ **Anzahl Spieler:**
2–4 Spieler

⚁ **Spielmaterial:**
3 Sechser-Würfel, 1 Pachisi-Spielbrett s. M8, je Spieler 1 Spielfigur

⚂ **Spielverlauf:**
Die Spieler würfeln reihum mit den 3 Würfeln. Die Augenzahlen werden addiert. Nur derjenige, der die höchste Zahl hat, darf mit seiner Spielfigur die gewürfelte Augenzahlen weiterziehen. Haben zwei Spieler die gleiche Zahl erwürfelt, müssen diese beiden noch einmal würfeln, um denjenigen mit der höchsten Zahl zu ermitteln. Im Gegensatz zum herkömmlichen Spiel braucht man keine bestimmte Augenzahl, um aus seinem „Wartefeld“ ins Spiel zu ziehen.

Magische 15

Addition, Subtraktion

Anzahl Spieler:

2–6 Spieler

Spielmaterial:

3 Sechser-Würfel, 30 Steinchen/Streichhölzer oder Ähnliches, die in der Mitte des Tisches liegen, je Spieler 20 Steinchen/Streichhölzer oder Ähnliches

Spielverlauf:

Die Spieler würfeln reihum mit den 3 Würfeln, die Augenzahlen werden addiert. Dann muss der Würfler die Differenz zwischen der gewürfelten Augenzahl und der Zahl 15 errechnen. Ist die Summe der Augenzahlen größer als 15, bekommt er so viele Steinchen oder Ähnliches aus der Mitte, wie das Ergebnis größer als 15 ist. Ist diese Summe kleiner als 15, muss er so viele Steinchen in die Mitte legen, wie das Ergebnis kleiner ist als 15.
Der Spieler, der keine Steinchen mehr hat, muss ausscheiden. Gewinner ist, wer nach einer vorher verabredeten Anzahl von Spielrunden noch Steinchen hat.

Vorwärts und rückwärts

Addition, Subtraktion

Anzahl Spieler:

2–6 Spieler

Spielmaterial:

6 Sechser-Würfel, 1 Würfelbecher, 1 Spielvorlage M2 oder M9 (falls nicht nur das Ergebnis, sondern auch der Rechenweg dokumentiert werden soll), 1 Stift

Spielverlauf:

Die Spieler würfeln reihum mit allen 6 Würfeln. Drei der Augenzahlen werden addiert und die restlichen drei werden von diesem Ergebnis subtrahiert. z. B.: Hat ein Spieler eine 5, 5, 6, 3, 2, 2, dann ist es klug, die 5, 5, 6 zu addieren und die niedrigen Zahlen davon zu subtrahieren. Sieger ist der, dessen Ergebnis die größte Zahl ist.

Mal, plus und minus

Addition, Subtraktion, Multiplikation (im Zahlenraum bis 15)

Anzahl Spieler:

2–6 Spieler

Spielmaterial:

3 Sechser-Würfel, 1 Spielvorlage M9, 1 Stift

Spielverlauf:

Gewürfelt wird reihum mit den 3 Würfeln. Ziel ist es, mit den 3 Augenzahlen eine Rechnung zu bilden, mit der man möglichst nahe an die Zahl 15 kommt, aber nicht über die 15. Hat der Spieler z. B. eine 3, 4 und 5, könnte er z. B. folgende Rechenoperationen durchführen:
3 mal 5 ist 15, minus 4 ist 11 oder
3 mal 4 ist 12, plus 5 ist 17 (dann hätte er verloren …) oder
3 plus 4 plus 5 ist 12
Gewinner ist derjenige, der die 15 erreicht oder ihr am nächsten kommt.

Variante:

Ein Spielleiter würfelt und die anderen überlegen sich Rechenoperationen. Derjenige, der mit seiner Rechenoperation der Zahl 15 am nächsten kommt, hat gewonnen. Da bei dieser Variante alle zugleich überlegen, langweilt sich kein Spieler, aber schwächere Schüler haben wenig Chancen, da es dann um Schnelligkeit beim Rechnen geht.

Bonbonspiel

Addition, Subtraktion

Anzahl Spieler:

2 Spieler

Spielmaterial:

1 Sechser-Würfel, 1 Spielvorlage M10, 2 Spielfiguren, Bonbon oder Ähnliches (am besten ein flaches, verpacktes Kaubonbon, weil man seine Spielfigur daraufstellen kann)

Spielverlauf:

Ein Spieler stellt seine Figur auf das hellgraue Feld, der andere auf das dunkelgraue Feld. Das Bonbon liegt auf der Zahl 10. Nun würfeln die Spieler nacheinander und versuchen, die 10 zu erreichen, um sich das Bonbon zu schnappen.
Dabei muss immer zuerst die Aufgabe gerechnet werden: Zahl des Feldes + bzw. – gewürfelte Augenzahl.
Hat jemand das Bonbon geschnappt, stellt er seine Spielfigur darauf und versucht nun, es auf sein Feld zu bringen. Der andere muss versuchen, ihm hinterherzulaufen und ihm das Bonbon abzujagen. Sieger ist, wer zuerst den Schatz auf seinem Feld hinter seinem Startpunkt erreicht hat.

Treppenstufen

Addition, flexibler Umgang mit der Addition

Anzahl Spieler:

2–6 Spieler

Spielmaterial:

5 Sechser-Würfel, je Spieler 1 Spielvorlage M11 und 1 Streichholz

Spielverlauf:

Jeder Spieler erhält 1 Spielvorlage und 1 Streichholz. Ein Spieler beginnt und würfelt mit den 5 Würfeln. Hat er z. B. eine 1, 2, 2, 3 und 6, kann er folgende Felder der Reihe nach hochsteigen: 1, 2, 3, 4 (2+2), 5 (2+3), 6, 7 (6+1), 8 (6+2), 9 (6+3), 10 (6+3+1), 11 (6+3+2), 12 (6+3+2+1), 13 (6+3+2+2) und 14 (6+3+2+2+1). Der Spieler kann sein Streichholz nun auf die Stufe 14 legen. Die Treppenstufen müssen der Reihe nach hochgegangen werden, es darf keine Stufe übersprungen werden. So wird reihum gewürfelt. Sieger ist, wer zuerst oben auf der höchsten Stufe steht.

Variante:

Die Spieler müssen die Treppe hinauf- und wieder Stufe für Stufe hinuntersteigen.

Bei 3 ist Schluss!

Einüben der Addition

Anzahl Spieler:
2–6 Spieler

Spielmaterial:
2 Sechser-Würfel, 1 Spielvorlage M2, 1 Stift

Spielverlauf:
Jeder Spieler darf so oft würfeln, wie er will. Die Augenzahlen werden zusammengezählt. Sobald jedoch eine 3 gewürfelt wird, sind alle Würfe ungültig und der nächste Spieler ist an der Reihe. Sieger ist, wer zum Schluss der Runde die höchste Punktzahl hat. Ein Spieler notiert die Namen der Mitspieler und schreibt die erreichte Augenzahl auf, damit der Gewinner der Runde ermittelt werden kann.

Variante:
Wenn man keinen Casino-Würfel hat, bei dem die Wahrscheinlichkeit aller Zahlen gleich ist, sondern einen normalen Würfel, sind die 3 und 4 die häufigsten Zahlen. Deshalb erreichen die Spieler selten eine Summe über 20. Will man also in den höheren Zahlenraum, muss die Regel dahin abgeändert werden, dass bei 1 oder 6 Schluss ist. Will man einen Ausflug in die Statistik (Normalverteilung) unternehmen, sollten die Würfe dokumentiert werden, damit die Schüler erkennen, dass die 3 und die 4 die am häufigsten gewürfelten Augenzahlen sind.

Rechen-Craps

Addition, Konzentration

Anzahl Spieler:

2–6 Spieler

Spielmaterial:

2 Sechser-Würfel, 1 Spielvorlage M2, 1 Stift, ggf. M15 (M15 listet die Wertungsregeln noch einmal in einfacher Sprache auf und bietet die Möglichkeit, gleich darunter die Punkte einzutragen, für manche Schüler ist diese Hilfestellung sinnvoll)

Spielverlauf:

Ein Spieler bekommt die 2 Würfel und würfelt einmal, die anderen kontrollieren. Beim nächsten Wurf ist ein anderer Spieler der „Würfler". Ein Spieler notiert die Namen der Mitspieler und schreibt die erreichte Punktzahl auf. Gewonnen hat der Spieler, der nach 20 Runden die meisten Punkte hat. Es ist aber auch möglich, weniger Runden zu spielen.

Es wird folgendermaßen gewertet:
- Ist die Summe der beiden Augenzahlen 7 oder 11, gibt es 3 Punkte für die Spieler, die bei diesem Wurf zuschauen.
- Ergibt die Summe der beiden Augenzahlen 2, 3 oder 12 (das ist jeweils ein Crap), erhält der Würfler 6 Punkte und die Zuschauer erhalten keine Punkte.
- Beträgt die Summe der Augen 4, 5, 6, 8, 9 oder 10, bekommt keiner einen Punkt gutgeschrieben.

Bei manchen Gruppen ist es sinnvoll, dass ein Spielleiter überwacht, ob die Punkte richtig aufgeschrieben werden.

Auf dem Tisch

Einüben der Addition, Konzentration

Anzahl Spieler:
2–6 Spieler

Spielmaterial:
3 Sechser-Würfel, 1 Spielvorlage M2, 1 Stift

Spielverlauf:
Jeder Spieler würfelt einmal mit den 3 Würfeln. Gezählt werden jedoch nicht die Augenzahlen, die man sieht, sondern die, die auf dem Tisch liegen. Sieht man z. B. eine 3, liegt direkt auf dem Tisch eine 4. (Die beiden Zahlen, die sich auf einem Würfel gegenüberstehen, ergeben in der Summe immer 7.)
Ein Spieler notiert die Namen der Mitspieler und schreibt die erreichte Punktzahl auf, damit der Gewinner der Runde ermittelt werden kann.

Du bist raus!

Addition im Zahlenraum bis 50

Anzahl Spieler:
2–6 Spieler

Spielmaterial:
2 Sechser-Würfel, 1 Spielvorlage M2, 1 Stift

Spielverlauf:
Ein Spieler denkt sich eine Zahl unter 50 aus, nennt sie und schreibt sie auf die Spielvorlage. Der nächste Spieler würfelt mit 2 Würfeln, die gewürfelte Augenzahl wird als Summe unter seinem Namen aufgeschrieben. Die anderen Spieler verfahren ebenso. Das Ergebnis der nächsten Runde wird dann zu dem der vorherigen addiert, usw. Wer (zuerst) die genannte Zahl erreicht hat, scheidet aus. Das Spiel geht so lange weiter, bis nur noch ein Spieler übrig bleibt.
Soll das Spiel bis zum Schluss spannend bleiben, muss der Gewinner die Zahl genau erreichen. Soll das Spiel zügiger beendet werden, kann die Zahl genau erreicht oder überschritten werden: Ist die ausgedachte Zahl z. B. 34, gilt entweder das genaue Erreichen der 34 oder auch jede andere Zahl über 34. Die Spieler sollten sich nur vorher einigen, oder der Lehrer gibt die Variante vor.

Schatzspiel für große Schatzjäger

Subtraktion

Anzahl Spieler:

2–6 Spieler

Spielmaterial:

1 Sechser-Würfel, 1 Würfelbecher, mehrere „Schätze“ (je nach Anzahl der geplanten Runden), 50 Streichhölzer

Spielverlauf:

In die Mitte des Tisches wird der Würfelbecher gestellt, in dem sich ein Schatz befindet.

Ältere Kinder spielen dieses Spiel gern, wenn sich darin „Gutscheine“ befinden, die der jeweiligen Situation und dem Alter angemessen sind (z. B. „Du darfst dir jemanden aussuchen, der dir den Tornister bis zur Schultür trägt.“ oder „Du musst heute erst 5 Minuten später ins Bett“. – bei Jugendlichen können andere Aufgaben genommen werden …). Rund um den Würfelbecher werden die 50 Streichhölzer ausgelegt.

Nun würfeln die Teilnehmer reihum und nehmen so viele Streichhölzer weg, wie der Würfel Augen anzeigt. Dabei müssen sie immer die Rechnung nennen: 50 – 4 ist 46. Der nächste Spieler muss sich die Zahl 46 merken und seine gewürfelte Augenzahl abziehen. Hat er sich die falsche Zahl gemerkt oder nicht aufgepasst, muss er eine Runde aussetzen. (In geselliger Runde gibt es dafür einen Strich auf einem Zettel mit dem Namen der Mitspieler. Wer die meisten Striche hat, muss eine Aufgabe erledigen, z. B. Getränke aus der Küche holen). Liegen zum Schluss z. B. nur noch 2 Hölzchen, kann derjenige, der eine 1 würfelt, noch ein Hölzchen nehmen oder derjenige, der eine 2 hat, die restlichen beiden. Wer eine höhere Zahl hat, kann sich kein Streichholz nehmen. Die Spannung bleibt bis zum Schluss erhalten. Wer das letzte Streichholz bekommt, gewinnt den Schatz oder zieht einen Gutschein.

Variante:

100 Streichhölzer liegen weiträumig um den Becher verteilt und es wird mit 2 Würfeln gewürfelt, wobei die Augenzahlen addiert und dann von den dort liegenden Hölzern subtrahiert werden.

Plumps!

Addition, Multiplikation

Anzahl Spieler:
2–6 Spieler

Spielmaterial:
3 Sechser-Würfel, 1 Würfelbecher,
1 Spielvorlage M2, 1 Stift

Spielverlauf:
Zwei Würfel werden in den Becher gelegt. Es wird gewürfelt und der Becher umgedreht auf den Tisch gestellt. Der dritte Würfel wird auf den Becherboden gelegt und heruntergepustet. Nun wird die Augenzahl des heruntergepusteten Würfels mit der Summe der Augenzahlen im Würfelbecher multipliziert.
Ein Spieler notiert die Namen der Mitspieler und schreibt die erreichte Punktzahl auf. Wer die höchste Zahl hat, gewinnt die Runde.

Quadratzahl

Addition, Multiplikation, Quadratzahlen

Anzahl Spieler:
2–6 Spieler

Spielmaterial:
2 Sechser-Würfel, 1 Spielvorlage M2, 1 Stift

Spielverlauf:
Die Spieler würfeln reihum mit den beiden Würfeln. Die Augenzahlen werden addiert und das Ergebnis mit sich selbst multipliziert. Wessen Summe jedoch die Zahl 11 oder 12 ergibt, bekommt nur diese Zahl als Punkte gutgeschrieben. Ein Spieler notiert die Namen der Mitspieler und schreibt die erreichte Punktzahl auf. Wer die meisten Punkte in einer Runde hat, gewinnt.

Plus und minus

Addition und Subtraktion, gerade und ungerade Zahlen

Anzahl Spieler:

2–6 Spieler

Spielmaterial:

1 Sechser-Würfel (bei mehr als 2 Spielern: Spielvorlage M9 und 1 Stift)

Spielverlauf:

Vorgegeben ist die Zahl 20. Reihum wird gewürfelt, gerade Zahlen werden addiert und ungerade Zahlen subtrahiert. Dabei muss der nächste Spieler immer das Ergebnis seines Vorgängers aufnehmen, Bsp. 20 + 2 = 22; 22 – 5 = 17. Wer als Erster wieder genau auf die 20 kommt, hat die Runde gewonnen. Wie viele Runden gespielt werden sollen, muss vorher vereinbart werden.

Variante:

Soll in höheren Zahlenräumen geübt werden, kann die Zahl 50 oder 70 vorgegeben werden.

Variante bei mehreren Spielern:

Es wird ein Spielleiter bestimmt, der mitschreibt und rechnet, die anderen Spieler rechnen leise im Kopf. Zu einem frei gewählten Zeitpunkt ruft der Spielleiter „Stop!“ und bittet alle Mitspieler, ihr Ergebnis mitzuteilen. Wer das richtige Ergebnis hat, bekommt einen Punkt. Am Ende gewinnt derjenige, der nach einer vorher festgelegten Anzahl von Runden die meisten Punkte hat.

Komm auf die Hundert

Addition, Multiplikation

Anzahl Spieler:
2–6 Spieler

Spielmaterial:
2 Sechser-Würfel, 1 Spielvorlage M2, 1 Stift

Spielverlauf:
Die Spieler würfeln reihum mit 2 Würfeln. Bei jedem Wurf werden die Augenzahlen addiert. Bei einem Pasch werden die Augenzahlen jedoch multipliziert. Die Augenzahlen pro Runde werden notiert und addiert.
Gewinner ist, wer zuerst die Hundert erreicht oder mit seinem Wurf überschreitet.

Variante:
Wenn nur 2 Spieler spielen oder das Spiel schneller gehen soll, können auch 3 Würfel genommen werden, z. B. weil nur noch einmal die Addition wiederholt werden soll.

Schnell auf die Hundert

Addition

Anzahl Spieler:
2–6 Spieler

Spielmaterial:
2 Sechser-Würfel, Spielblattvorlage M12, 1 Stift

Spielverlauf:
Die Spieler würfeln der Reihe nach, entweder mit einem Würfel oder mit beiden. Die Augenzahlen aller Spieler werden addiert. Wer zuerst genau die Hundert trifft, hat gewonnen. Dieses Spiel geht relativ schnell, weil die Augenzahlen aller Spieler addiert werden und nicht die der einzelnen Spieler wie im Spiel „Komm auf die Hundert“.

Klug rechnen

Addition, Multiplikation (evtl. Punkt- vor Strichrechnung)

Anzahl Spieler:

2–6 Spieler

Spielmaterial:

3 Sechser-Würfel, Spielblattvorlage M2, ggf. M9 (wenn auch der Rechenweg notiert werden soll), 1 Stift

Spielverlauf:

Jeder Spieler darf einmal würfeln und soll aus den Augenzahlen durch Addition und Multiplikation versuchen, eine möglichst hohe Punktzahl zu erreichen. Gewinner einer Runde ist, wer die höchste Punktzahl erreicht hat.

Variante:

Soll bei älteren Kindern/Jugendlichen eingeübt werden, dass die Punkt- vor der Strichrechnung erfolgen muss, sollten die Kinder ihre Rechnung auf der Spielblattvorlage M9 notieren, damit sie die Regel verinnerlichen und der Lehrer kontrollieren kann.

Alles ist möglich …

Addition, Subtraktion, Multiplikation, Division

Anzahl Spieler:

2–6 Spieler

Spielmaterial:

1 Sechser-Würfel, 1 Spielvorlage M9, 1 Stift

Spielverlauf:

Ein Spieler beginnt und würfelt 2-mal hintereinander. Dann muss er sich entscheiden, ob die Augenzahlen addiert, subtrahiert, dividiert oder multipliziert werden. Hat er zum Beispiel eine 6 und eine 2 und entscheidet sich für Division, ist das Ergebnis 3. Dann würfelt er noch einmal und muss sich wieder für eine Rechenoperation entscheiden, dieses Mal hat er aber nur noch die Wahl zwischen Addition, Subtraktion und Multiplikation. Denn jede Rechenoperation darf nur einmal pro Runde durchgeführt werden. Hat er nun eine 6 gewürfelt, kann er addieren, dann ist das Ergebnis 9. Beim nächsten Wurf mit einer 5 könnte er multiplizieren und hätte dann 45 Punkte, im letzten Wurf wäre nur noch die Subtraktion möglich. Wer in einer Runde die größte Zahl als Ergebnis erzielt, hat gewonnen.
Sinnvoll ist es, die Division nur zu gestatten, wenn das Ergebnis eine ganze Zahl ohne Rest ist. Wer sich die Division bis zum Schluss aufhebt, geht das Risiko ein, dass sein Spiel nicht gezählt wird, da er kein Ergebnis mit allen vier Rechenarten hat.
Genauso ist eine Subtraktion in den negativen Zahlenbereich hinein nicht erlaubt.

Variante:

Es wird nur einmal gewürfelt, aber es werden 6 Würfel genommen und die Kinder können dann in Ruhe die Rechnungen bilden. Der Vorteil dieser Variante ist, dass es weitaus häufiger zu einem Ergebnis kommt und die Kinder mehr Rechenoperationen durchführen.

30 im Mittelpunkt

Addition, Berechnen der Differenz

Anzahl Spieler:

2–6 Spieler

Spielmaterial:

6 Sechser-Würfel, 1 Würfelbecher,
1 Spielvorlage M2, 1 Stift

Spielverlauf:

Gewürfelt wird reihum jeweils mit 6 Würfeln. Jeder Spieler darf maximal 5-mal würfeln, bei jedem Wurf wird der Würfel mit der höchsten Augenzahl herausgenommen und zur Seite gelegt. Wenn ein Spieler mehrere Sechsen in einem Wurf hat, darf er mehrere herauslegen. Im Anschluss werden die Augenzahlen addiert (sie liegen sichtbar auf dem Tisch) und die Differenz zur 30 berechnet. Hat der Spieler weniger als 30 Augen, bekommt *er* so viele Strafpunkte, wie die Differenz beträgt. Hat er mehr als 30, bekommen *alle Mitspieler* so viele Strafpunkte, wie die Differenz beträgt. Wer als erster 50 Strafpunkte erreicht, scheidet aus. Wer als Letzter übrig bleibt, hat das Spiel gewonnen.

Hohe Hausnummer

Stellenwert der Zahlen im Hunderterraum

Anzahl Spieler:
2–6 Spieler

Spielmaterial:
1 Sechser-Würfel, je Spieler 1 Spielvorlage M13 und 1 Stift, Spielvorlage M2, um die Zahlen im Überblick zu notieren (derjenige, der notiert, muss nach Ansage, z. B. 123, die Zahlen in der richtigen Reihenfolge aufschreiben)

Spielverlauf:
Jeder Spieler würfelt insgesamt 3-mal. Nach jedem Wurf muss er sich entscheiden, ob er die gewürfelte Augenzahl als Hunderter-, Zehner- oder Einerzahl einträgt. Nun sind reihum die anderen Spieler dran. Sieger einer Runde ist der Spieler, der die größte Zahl erreicht hat.

Niedrige Hausnummer

Stellenwert der Zahlen im Hunderterraum

Anzahl Spieler:
2–6 Spieler

Spielmaterial:
1 Sechser-Würfel, je Spieler 1 Spielvorlage M13 und 1 Stift, Spielvorlage M2, um die Zahlen im Überblick zu notieren (derjenige, der notiert, muss nach Ansage, z. B. 123, die Zahlen in der richtigen Reihenfolge aufschreiben)

Spielverlauf:
Dieses Spiel wird genauso gespielt wie das Spiel „Hohe Hausnummer“, nur ist hier derjenige Sieger einer Runde, der die kleinste Zahl erreicht hat.

Eins, eins, eins

Addition, Zahlenerkennung

Anzahl Spieler:
2–6 Spieler

Spielmaterial:
3 Sechser-Würfel, 1 Spielvorlage M2, 1 Stift

Spielverlauf:
Reihum würfelt jeder Spieler mit den 3 Würfeln. Dabei zählt die 1 = 100 Punkte und die 6 = 60 Punkte, bei allen anderen zählen die Augenzahlen des Würfels.
Die Punkte aller 3 Würfel werden addiert. Wer die höchste Punktzahl in einer Runde erreicht, hat gewonnen. Der höchste Wurf (3 Einsen) zählt 300 Punkte. Ein Spieler notiert die Namen der Mitspieler und schreibt die erreichte Punktzahl auf, damit der Gewinner der Runde ermittelt werden kann.

1×1 bis 1000

Addition, Multiplikation

Anzahl Spieler:
2–6 Spieler

Spielmaterial:
2 Sechser-Würfel in einer Farbe,
1 andersfarbiger Sechser-Würfel,
1 Spielvorlage M12, 1 Stift

Spielverlauf:
Die Spieler würfeln reihum. Jeder würfelt mit den 3 Würfeln, die Summe der gleichfarbigen Sechser-Würfel wird mit der Augenzahl des andersfarbigen Sechser-Würfels multipliziert. Das Ergebnis wird auf der Spielvorlage M12 notiert. Das Ergebnis des nächsten Spielers wird dazuaddiert. Wer zuerst die 1000 erreicht oder überschreitet, gewinnt.

Rechenmeister

Addition, Multiplikation – großes 1×1

Anzahl Spieler:

2–6 Spieler

Spielmaterial:

3 Sechser-Würfel, je Spieler 1 Spielvorlage M14 und 1 Stift, Spielvorlage M2, um die Ergebnisse aller Spieler zu dokumentieren

Spielverlauf:

Der Spieler würfelt 3-mal mit den 3 Würfeln, die Augenzahlen addiert er und schreibt sie neben die erste Spalte mit der Zahl 8. Dann ist der nächste Spieler an der Reihe, er verfährt genauso. In der nächsten Runde wird die Summe der Augenzahlen neben die 7 geschrieben, bis der Reihe nach neben jeder Zahl eine Summe steht. Nun werden die Summen mit der nebenstehenden Zahl multipliziert und dann alle Ergebnisse addiert. Wer in einer Runde die meisten Punkte hat, gewinnt.

Runde Sache

Addition, Auf- und Abrunden

Anzahl Spieler:

2–6 Spieler

Spielmaterial:

5 Sechser-Würfel, 1 Spielvorlage M2, 1 Stift

Spielverlauf:

Die Spieler würfeln reihum, die Augenzahlen der 5 Würfel werden addiert und anschließend wird auf den nächsten Zehner auf- oder abgerundet. Ein Spieler notiert unter den Namen der Spieler die jeweils erreichte Punktzahl. Nach einer vorher vereinbarten Anzahl von Runden werden die Punktzahlen aller Runden addiert. Sieger ist der Spieler mit den meisten Punkten.

Hoch hinaus

Multiplikation höherer Zahlen

Anzahl Spieler:
2–6 Spieler

Spielmaterial:
3 Sechser-Würfel, 1 Spielvorlage M2, 1 Stift

Spielverlauf:
Es wird reihum mit den 3 Würfeln gewürfelt. Von 2 Würfeln werden die Augenzahlen addiert und vom dritten Würfel wird die Augenzahl mit sich selbst multipliziert. Die Summe der ersten beiden Würfelaugen wird dann mit der Quadratzahl des dritten Würfels multipliziert. Wer in einer Runde die höchste Augenzahl erreicht, gewinnt. Um eine hohe Punktzahl zu erreichen, sollte die höchste Augenzahl mit sich selbst multipliziert werden.

1000er-Grenze

Addition, Stellenwert der Zahlen im Hunderterraum

Anzahl Spieler:
2–6 Spieler

Spielmaterial:
3 Sechser-Würfel, je Spieler 1 Spielvorlage M2 und 1 Stift

Spielverlauf:
Jeder Spieler würfelt in einer Runde 3-mal mit den 3 Würfeln. Nach jedem Wurf muss er sich entscheiden, wie er die gewürfelten Augen als dreistellige Zahl schreibt: Hat er eine 4, 5, 2, kann er z. B. die Zahl 452 oder 524 oder 245 notieren. Die 3 dreistelligen Zahlen werden addiert. Ziel ist es, so nah wie möglich an die Zahl 1000 heranzukommen, diese aber nicht zu überschreiten. Sieger ist derjenige, der die Zahl 1000 erreicht oder ihr am nächsten kommt.

Kopiervorlagen und Spielpläne

M1

Name	Spiel/Runde 1	Spiel/Runde 2	Spiel/Runde 3	Spiel/Runde 4

Name	Spiel/Runde 1	Spiel/Runde 2	Spiel/Runde 3	Spiel/Runde 4

Name	Spiel/Runde 1	Spiel/Runde 2	Spiel/Runde 3	Spiel/Runde 4

Augenzahl/Punkte in Spiel …	Name:	Name:	Name:	Name:	Name:	Name:
1						
2						
3						
4						
5						
6						
7						
8						
9						
10						

Augenzahl/Punkte in Spiel …	Name:	Name:	Name:	Name:	Name:	Name:
1						
2						
3						
4						
5						
6						
7						
8						
9						
10						

M3

Name:	Name:	Name:	Name:	Name:
1	1	1	1	1
2	2	2	2	2
3	3	3	3	3
4	4	4	4	4
5	5	5	5	5
6	6	6	6	6

Name:	Name:	Name:	Name:	Name:
1	1	1	1	1
2	2	2	2	2
3	3	3	3	3
4	4	4	4	4
5	5	5	5	5
6	6	6	6	6

Name:	Name:	Name:	Name:	Name:
1	1	1	1	1
2	2	2	2	2
3	3	3	3	3
4	4	4	4	4
5	5	5	5	5
6	6	6	6	6

M4

Name:	1	2	3	4	5	6	7	8	9	10

Name:	1	2	3	4	5	6	7	8	9	10

Name:	1	2	3	4	5	6	7	8	9	10

Name:	1	2	3	4	5	6	7	8	9	10

Name:	1	2	3	4	5	6	7	8	9	10

Name:	1	2	3	4	5	6	7	8	9	10

Name:	1	2	3	4	5	6	7	8	9	10

M5

Würfel sammeln

____
(Name)

Zielzahl	Spiel 1	Spiel 2	Spiel 3	Spiel 4
1				
2				
3				
4				
5				
6				
7				
8				
9				
10				

Würfel sammeln

____
(Name)

Zielzahl	Spiel 1	Spiel 2	Spiel 3	Spiel 4
1				
2				
3				
4				
5				
6				
7				
8				
9				
10				

Würfel sammeln

____
(Name)

Zielzahl	Spiel 1	Spiel 2	Spiel 3	Spiel 4
1				
2				
3				
4				
5				
6				
7				
8				
9				
10				

Würfel sammeln

____
(Name)

Zielzahl	Spiel 1	Spiel 2	Spiel 3	Spiel 4
1				
2				
3				
4				
5				
6				
7				
8				
9				
10				

ziel
start

M7

3	4	5	6
7	8	9	10
11	12	13	14
15	16	17	18

3	4	5	6
7	8	9	10
11	12	13	14
15	16	17	18

3	4	5	6
7	8	9	10
11	12	13	14
15	16	17	18

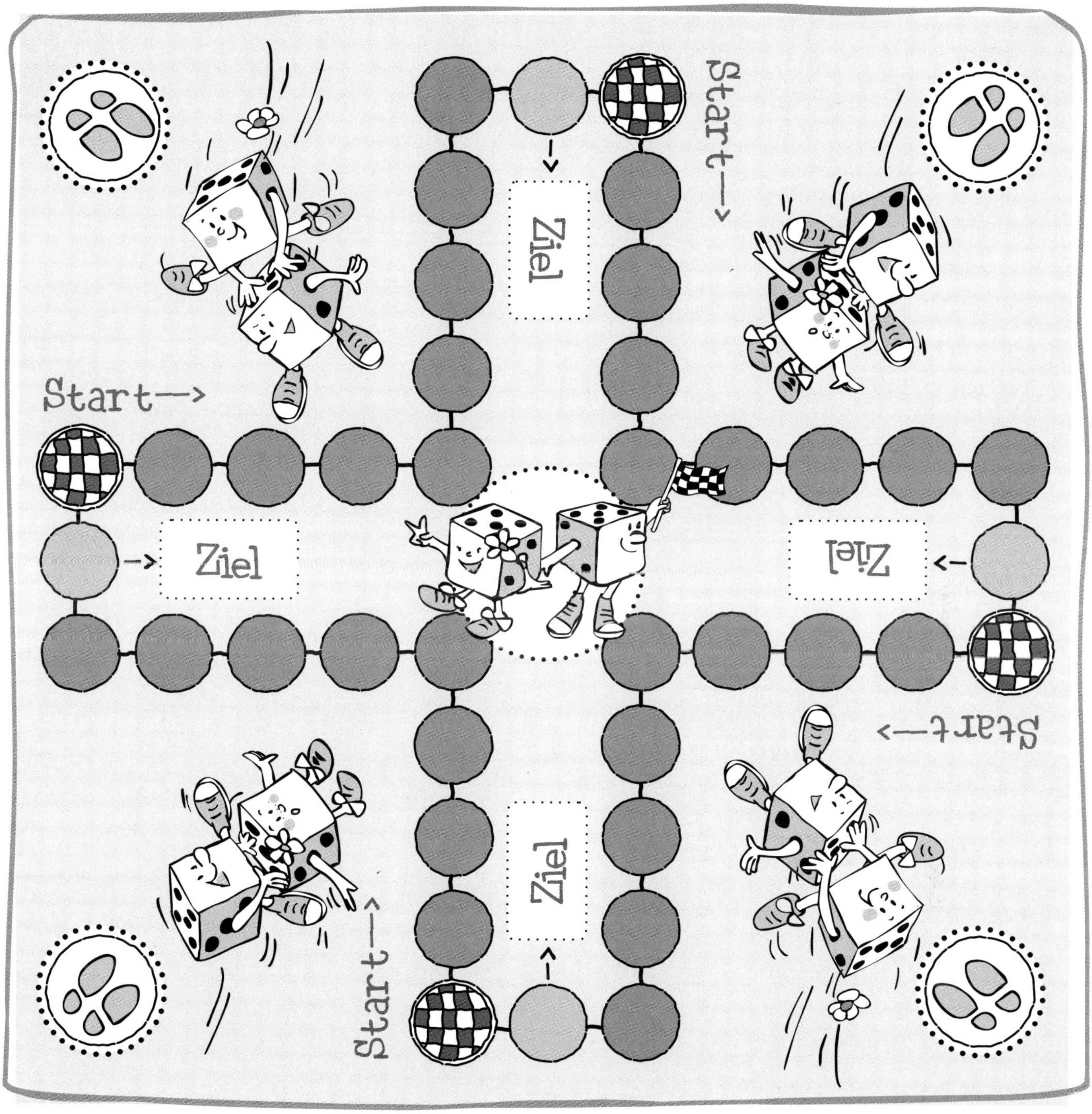
Start
Ziel
Start
Ziel
Ziel
Start
Ziel
Start

M9

Rechnung in Spiel …	Name:	Name:	Name:	Name:	Name:	Name:
1						
2						
3						
4						
5						
6						
7						
8						
9						
10						

1
2
3
4
5
6
7
8
9
10
11
12
13
14
15
16
17
18
19

M11

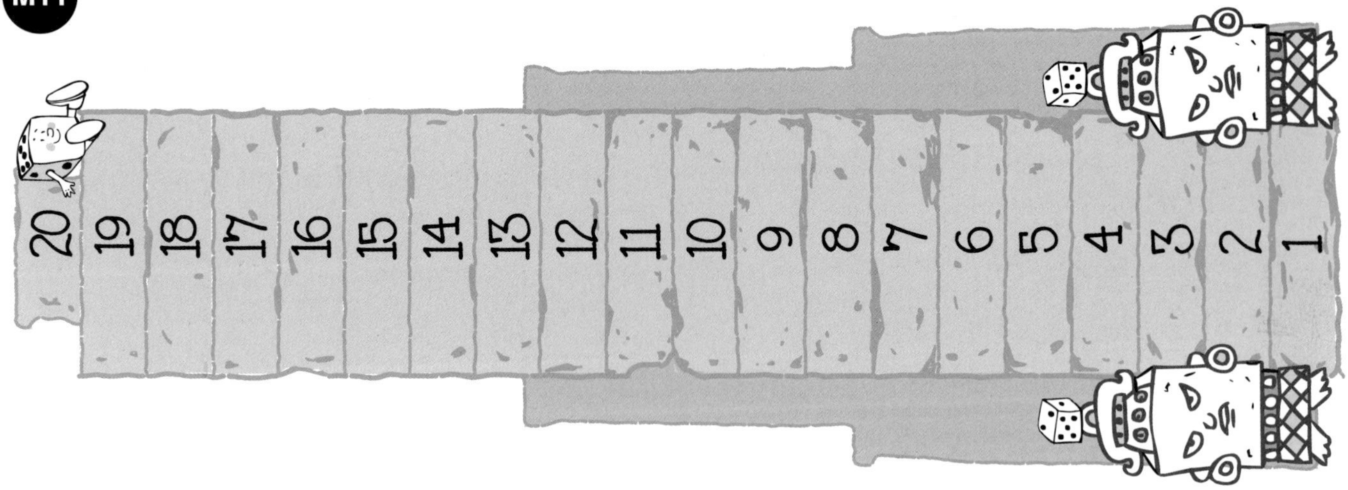
1 2 3 4 5 6 7 8 9 10 11 12 13 14 15 16 17 18 19 20

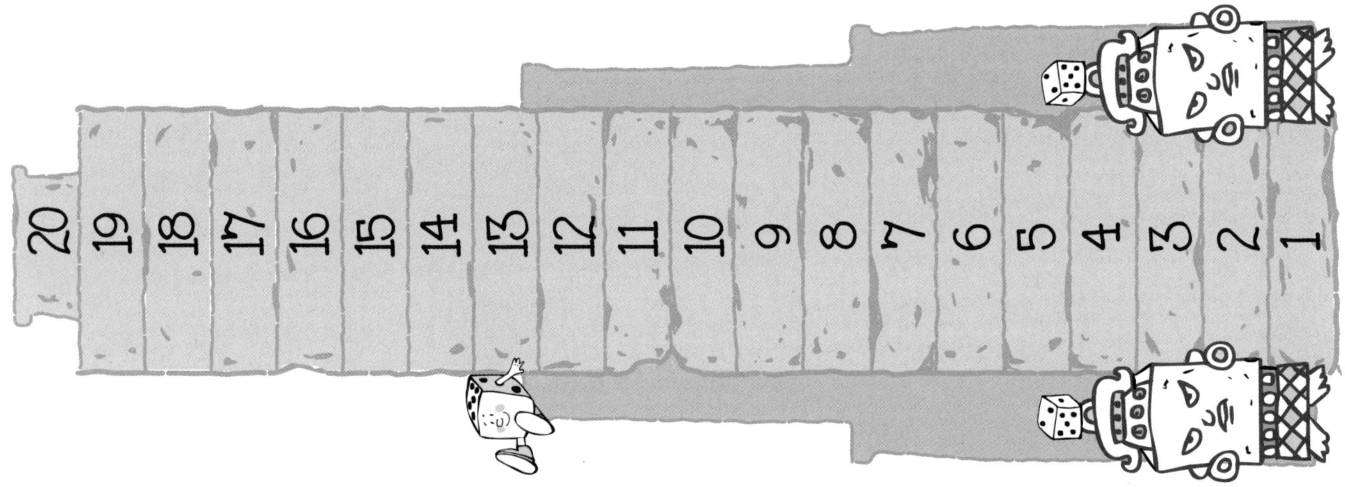
1 2 3 4 5 6 7 8 9 10 11 12 13 14 15 16 17 18 19 20

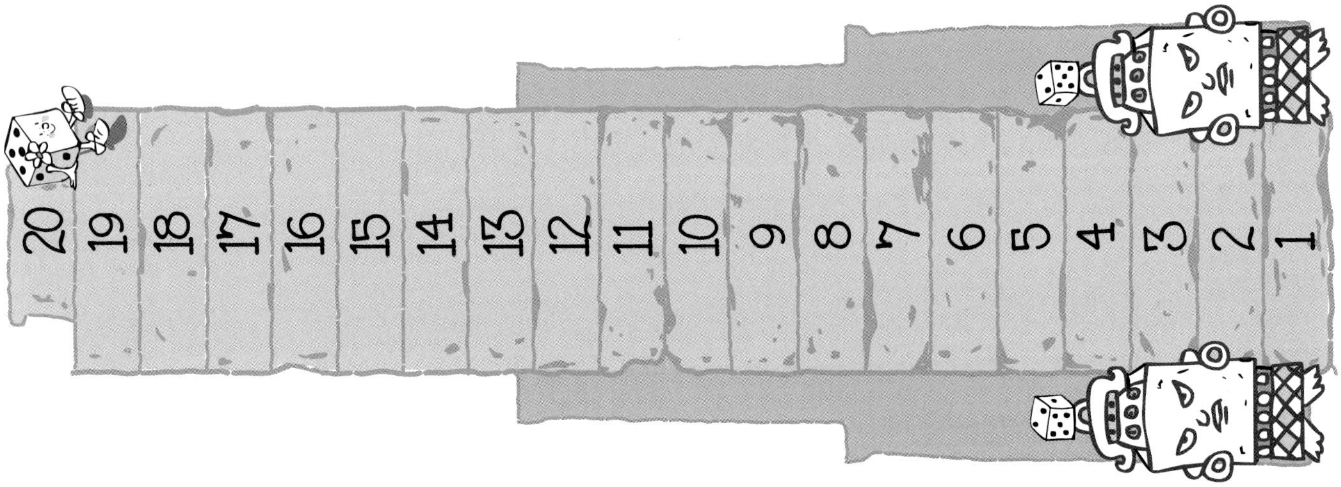
1 2 3 4 5 6 7 8 9 10 11 12 13 14 15 16 17 18 19 20

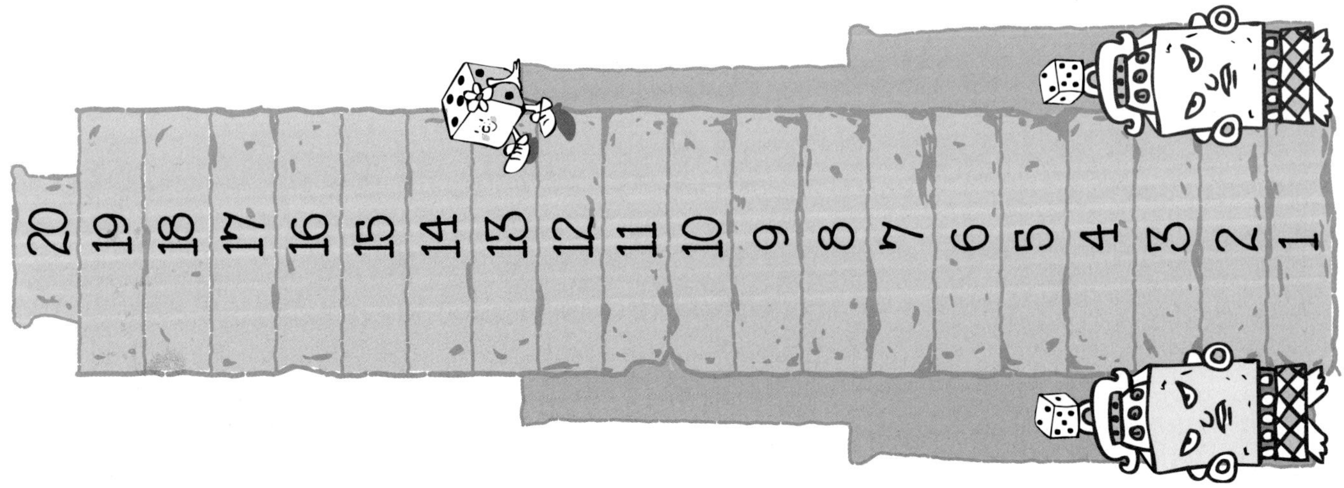
1 2 3 4 5 6 7 8 9 10 11 12 13 14 15 16 17 18 19 20

M12

	Runde 1	Runde 2	Runde 3	Runde 4	Runde 5	Runde 6	Runde 7	Runde 8	Runde 9	Runde 10
		Übertrag Runde 1:	Übertrag Runde 2:	Übertrag Runde 3:	Übertrag Runde 4:	Übertrag Runde 5:	Übertrag Runde 6:	Übertrag Runde 7:	Übertrag Runde 8:	Übertrag Runde 9:
Punkte von Spieler 1										
+ Punkte von Spieler 2										
+ Punkte von Spieler 3										
+ Punkte von Spieler 4										
+ Punkte von Spieler 5										
+ Punkte von Spieler 6										

M13

Name:		
H	Z	E

Name:		
H	Z	E

Name:		
H	Z	E

Name:		
H	Z	E

Name:		
H	Z	E

Name:		
H	Z	E

Name:			
	addierte Augenzahlen	Rechnung	Ergebnis Malaufgabe
8			
7			
6			
5			
4			
3			
		Summe:	

Name:			
	addierte Augenzahlen	Rechnung	Ergebnis Malaufgabe
8			
7			
6			
5			
4			
3			
		Summe:	

M15

1. Rechnet die Augenzahlen der beiden Würfel zusammen.
2. Verteilt die Punkte und schreibt sie auf.

Summe	Punkteverteilung
2	Das ist ein Crap. Würfler: 6 Punkte Zuschauer: 0 Punkte
3	Das ist ein Crap. Würfler: 6 Punkte Zuschauer: 0 Punkte
4	Alle 0 Punkte
5	Alle 0 Punkte
6	Alle 0 Punkte
7	Würfler: 0 Punkte Zuschauer: 3 Punkte
8	Alle 0 Punkte
9	Alle 0 Punkte
10	Alle 0 Punkte
11	Würfler: 0 Punkte Zuschauer: 3 Punkte
12	Das ist ein Crap. Würfler: 6 Punkte Zuschauer: 0 Punkte

	Name:	Name:	Name:	Name:	Name:	Name:
Augenzahl/Punkte in Spiel 1						
Augenzahl/Punkte in Spiel 2						
Augenzahl/Punkte in Spiel 3						
Augenzahl/Punkte in Spiel 4						